Oldtimer restaurieren ohne Vorkenntnisse

Wenn man keine Ahnung hat, wie man anfangen soll.

Nico Schmidt

ISBN: 9798851228612

Bei Fragen und Anregungen:

info@driveyourclassiccar.com

1. Auflage 2023

© 2023 by DriveYourClassicCar

Tel: +49 (0) 172/3256192

Inhaltsverzeichnis

Oldtimer restaurieren ohne Vorkenntnisse

In 3 Schritten deinen eigenen Oldtimer restaurieren

Stell dir vor? Du wachst morgens auf, die Sonne scheint ins Fenster und du kannst es kaum erwarten in die Garage zu gehen. Denn dort steht dein Traumwagen. Mit Vorfreude lässt du dir das Frühstück schmecken und anschließend nimmst du den Autoschlüssel vom Haken, gehst in die Garage und dort steht er. Dein eigener Oldtimer, den du mit deinen eigenen Händen restauriert hast.

Du bleibst einen Moment stehen und genießt die elegante, sportliche Form. In diesem Moment erinnerst du dich, …

- …wie du jede einzelne Schraube in der Hand hattest,
- …wie du an der Karosserie gearbeitet hast,
- …wie du den Motor eingebaut hast,
- …der erste Startversuch vom Motor,
- …aber auch Rückschlage und Probleme in denen du dachtest.

„Wozu das Ganze?"

Genau für diesen Moment, den Schlüssel nehmen und einfach drauflosfahren. Die Straße und den Wagen spüren und sich entschleunigen, den Alltag vergessen. Nur du und dein Oldtimer.

Dieses Gefühl kann man nicht kaufen, dieses Gefühl schafft man selbst. Indem man anfängt seine Träume zu verwirklichen. Bei mir waren es 25 Jahre bis ich mit meiner ersten Restauration anfing. Bereits mit 12 Jahren wusste ich, welchen Wagen ich eines Tages fahren möchte.

Sicherlich fragst du dich: Warum hat es 25 Jahre gedauert? Nun ja, vielleicht kennst du das oder es geht dir genauso. Damals habe ich mehr auf *„Nein-Sager"* gehört, als auf mich selbst. Sätze, wie…

- *Wenn du den Führerschein hast, sind die Wagen schon vergammelt oder*
- *Der Wagen ist viel zu teuer, den kannst du dir eh nicht leisten,*

…waren keine Seltenheit.

<u>Das Schlimme daran</u>: Mit solchen Sätzen habe ich mir meinen Traum ausreden lassen und diesen Traum erst 25 Jahre später wieder aus der Schublade geholt. Während dieser 25 Jahre erzählte ich mir: *„Irgendwann wirst du das machen."* Aus Erfahrung kann ich dir sagen: Es wird nie den richtigen Zeitpunkt geben, oder man wird nie das notwendige Geld haben. <u>„Irgendwann"</u> ist JETZT, nicht morgen oder nächstes Jahr.

Wenn du etwas möchtest, dann mach es JETZT. Sonst wirst du eines Tages feststellen, dass die Zeit abgelaufen ist, dein Körper nicht mehr so macht, wie du möchtest oder du keinen klaren Gedanken mehr fassen kannst. Klingt hart, ich weiß, nur ist das die Realität.

Als ich dann 2018 endlich meinen ganzen Mut zusammennahm und die erste Restauration vorbereitet habe, waren diese *„Nein-Sager"* wieder da. Mit Sätzen, wie…

- *Für das, was du vorhast, brauchst du 5 Jahre.*

Nach dem Zerlegen des Fahrzeuges fielen Sätze, wie…

- *Ob du den wieder zusammen bekommst.*

Heute weiß ich, damals war ich einfach dumm, zu naiv und habe diesen *„Nein-Sagern"* mehr geglaubt als mir selbst. Denn als ich 2018 keine Lust mehr hatte, meinen Traumwagen vor mir herzuschieben, fing ich einfach an. Ich beschloss für mich, keine Ausreden mehr.

Was dann geschah, kann ich heute kaum in Worte fassen. Innerhalb von fünf Jahren sind drei meiner Traumwagen entstanden. Alle drei von Grund auf neu restauriert und das mit meinen eigenen Händen. Was glaubst du, was das für ein tolles Gefühl ist, diesen *„Nein-Sagern"* es gezeigt zu haben?

Seitdem hatte ich eine Frage im Kopf: ***„Warum habe ich so lange gewartet?"***

Um diese Frage zu beantworten, muss man sich selbst eingestehen, dass man es nicht besser gewusst hat. Die Vergangenheit ist vergangen und lässt sich nicht mehr ändern. Deshalb ist es wichtig, keine Zeit mehr verstreichen zu lassen und heute am besten mit deiner Traumverwirklichung anzufangen.

Denn eines Tages wird man bereuen, es nicht getan zu haben und diese zerfressenden Vorwürfe machen einem das Leben nur schwerer. Also komm ins Tun, restauriere deinen Oldtimer und genieße dabei das Gefühl von Freiheit.

Einen restaurierten Oldtimer kaufen kann jeder. Einen Oldtimer wieder zum Leben zu erwecken, erfordert Mut und Ausdauer. Bist du bereit, dich selbst herauszufordern? Es lohnt sich, das kann ich dir vorab schon versprechen.

In diesem Buch zeige ich dir drei einfache Schritte, wie auch du deinen Oldtimer selbst restaurieren kannst. Denn es ist wirklich einfach, wenn man weiß, was zu tun ist. Also legen wir los!

Schritt 1: Überblick verschaffen

Als Erstes solltest du wissen, welches Fahrzeug du restaurieren möchtest. Steht bei dir seit einiger Zeit ein Fahrzeug in der Scheune/Garage oder muss dieses erst besorgt werden? Wie du kostengünstig an deinen Lieblingsklassiker kommst, erfährst du hier in meinem Blogbeitrag: Den richtigen Klassiker finden.[1]

Im diesem Blogbeitrag findest du Tipps und Tricks, wie du günstig an einen Oldtimer kommst, ohne dein Budget zu strapazieren. Zum Beispiel findet man regelmäßig auf Kleinanzeigen Portale, sogenannte Projektaufgaben, die zu einem guten Preis zu haben sind. Denn darum geht es doch, wenn man seinen Oldtimer selber restaurieren möchte. Dass der finanzielle Rahmen nicht gesprengt wird, sonst kann man ihn auch von einer Fachfirma restaurieren lassen.

Jetzt geht es um dich. Es gibt ein paar Punkte, über die wir sprechen sollten.

- Hast du Erfahrung mit Autos? Sprich, hast du dich auf der technischen Seite schon mal beschäftigt?
- Magst du es an ihnen zu schrauben oder ist Schrauben am Auto neu für dich?
- Bist du bereit, dir fehlendes Wissen anzueignen?
- Bist du bereit, deine Finger schmutzig zu machen?
- Bist du bereit, dich auch mal unters Auto zu legen?

Schrauben am Auto erfordert handwerkliches Geschick. Interesse an Fahrzeugen sollte vorhanden sein, sonst wird es ein frustrierender und mühsamer Weg. Denn manchmal klappt nicht immer alles nach Plan.

Entscheidend ist deine Bereitschaft, sich fehlendes Wissen anzueignen.

Diese Bereitschaft stellt überhaupt die Basis für dein Vorhaben dar. Ohne diese Bereitschaft gibst du beim nächst größerem Problem einfach auf und dein Traumwagen endet als Frustprojekt. Das möchte niemand, weder du noch ich. Hier

---

[1] https://driveyourclassiccar.com/den-richtigen-klassiker-finden/

bei DriveYourClassicCar geht es darum, deine Oldtimer Träume wahr werden zu lassen.

Zum Glück brauchst du das Rad nicht neu erfinden, denn dank des Internets hat man Zugriff auf fast jedes Problem. Wenn ich mal nicht weiterweiß, schaue ich erstmal im Internet. Früher, als das Internet noch nicht zugänglich war, gab es Bücher, wie…

- …Wie helfe ich mir selbst.
- …So wirds gemacht.

Diese Bücher kann ich dir empfehlen, da sie auf technischer Ebene sehr in die Tiefe eines Fahrzeuges gehen. Technische Details werden genau erklärt und geben dir einen Einblick in den technischen Aufbau des Fahrzeuges. Sie stellen eine gute Basis für dein Vorhaben dar, denn in den Büchern wird der ganze Wagen im Detail auseinandergenommen und erklärt. Schau, ob es für deinen Oldtimer solch ein Buch gibt.

Für mich bevorzuge ich lieber, einfach anzufangen, darauf loszuschrauben ohne zu wissen, was mich erwartet. Das *„Wie helfe ich mir selbst"* besorge ich mir erst später, wenn ich nicht weiter weiß. Klar geht dabei auch etwas kaputt, nur das lässt sich bei einer Restauration schwer vermeiden.

Spröde Kunststoffteile oder verrostete Teile sind je nach Zustand eines Oldtimers keine Seltenheit. Von daher, einfach loslegen und auch wenn mal etwas kaputtgeht. Mittlerweile ist die Ersatzteilversorgung für fast jeden Klassiker wieder vorhanden.

Automobilhersteller haben bemerkt, dass auch hier Nachfrage besteht und diese produzieren inzwischen fleißig nach. Überprüfe im Vorfeld, wie die Ersatzteilversorgung für deinen Oldtimer ist.

Fazit:

Habe die Bereitschaft, sich fehlende Informationen anzueignen. Davon lebt dein Projekt. Ohne diese Bereitschaft wird es schwer werden, denn es läuft nicht immer nach Plan. Doch diese Herausforderungen machen die Restauration interessanter. Es macht Spaß sich selbst zu beweisen, dass man es kann und eines kann ich dir jetzt schon garantieren. Wenn du deinen Oldtimer fertig restauriert hast, dieses Gefühl, diese Freude findest du nur hier.

Eigene dir auch entsprechende Fertigkeiten an. Der VW T3 war meine dritte Restauration und da habe ich mir das Schweißen bzw. den Karosseriebau selbst beigebracht. Einfach loslegen! Klar habe ich am Anfang mehr Löcher als Schweißpunkte ins Blech geschweißt. Doch ich habe einfach probiert, bis ich die Karosserie Instandsetzen konnte.

Es geht nicht darum, eine perfekte Leistung abzuliefern, sondern seine Träume zu verwirklichen.

Schritt 2: Werkstatt/Ausrüstung

Bevor es mit dem Restaurieren losgehen kann, benötigt man auch Räumlichkeiten, in denen man schrauben kann. Ideal wäre eine Garage/Scheune oder Werkstatt. Ein Raum, wo dein Projekt über einen längeren Zeitraum stehen kann, ohne jemand anderen zu stören.

Dieser Raum sollte Wind und Wetter dicht sein und evtl. auch über eine Heizung verfügen, damit dein Projekt nicht vom Wetter abhängig ist. Es scheint ja nicht immer die Sonne bei 20° im Schatten. Glaube mir, nichts ist schlimmer als bei Regen oder Kälte zu schrauben. Da vergeht einem die Lust.

Gerade eine Restauration erstreckt sich über einen längeren Zeitraum. Meine kürzeste Restauration dauerte neun Monate vom Zerlegen bis zur Inbetriebnahme durch einen Dekra Sachverständigen. Meine längste und gleichzeitig erste Restauration dauerte ganze zwei Jahre, weil ich zu diesem Zeitpunkt keine Ahnung hatte, wie man ein Auto restauriert.

Ideal wäre natürlich eine Werkstatt mit Hebebühne, aber wer hat das schon? Bis heute habe ich keine Hebebühne und meine Räumlichkeiten sind weit von einer Profiwerkstatt entfernt. Doch entscheidend ist immer, was man daraus macht.

Bevor ich mit meiner ersten Restauration anfangen konnte, hieß es einen Raum/Werkstatt zu schaffen in dem ich Schrauben konnte. Dafür legte ich drei Räume zu einem großen zusammen. Entfernte Wände, baute neue Fenster ein, deckte das Dach neu und ließ die Wände verputzen. Zudem kam ein neuer Beton Fußboden hinein und richtete die „Werkstatt" nach meinen Vorstellungen ein. Die Grundlage war geschaffen.

Falls du keine Möglichkeit hast, kann man sich auch bei jemanden einmieten. Im Internet werden immer wieder Scheunen oder Werkstätten für Hobby Schrauber angeboten. Schau einfach mal nach.

Hier auf den Bildern sieht man, was möglich ist: Vorher/Nachher

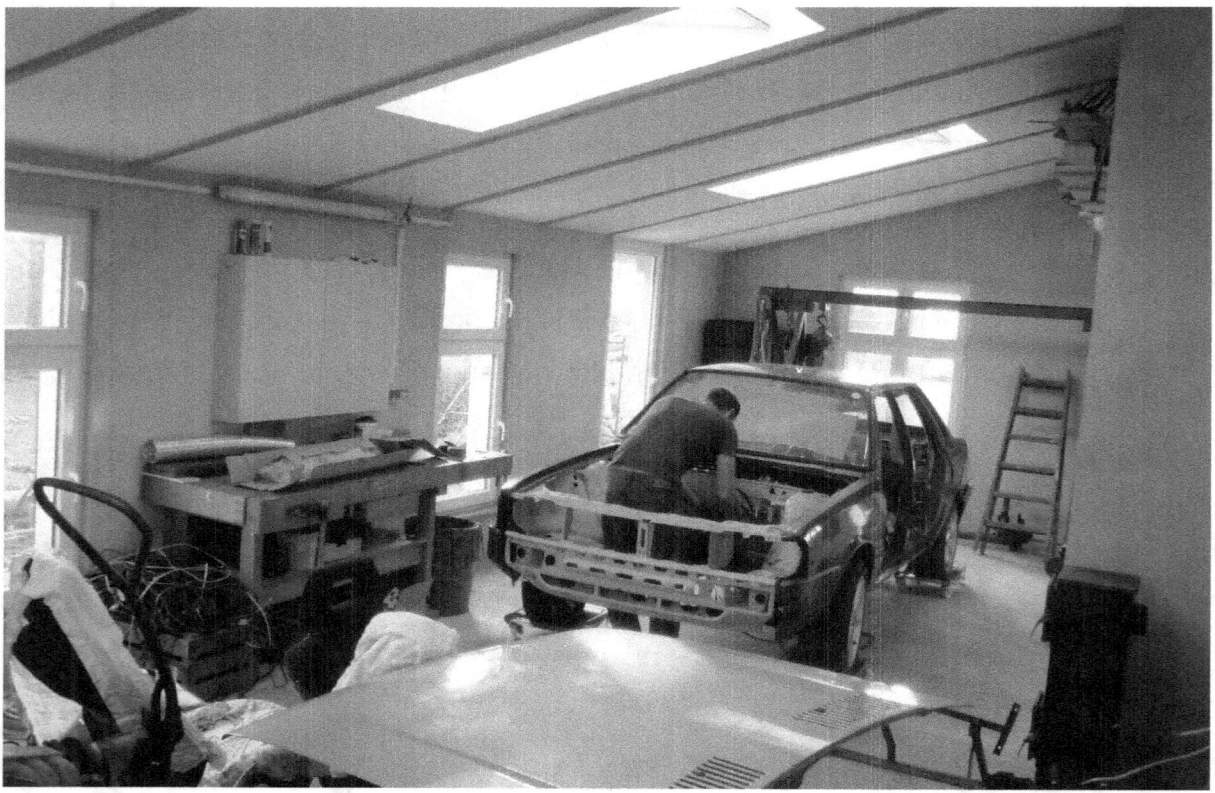

Der ganze Umbau der Werkstatt hat knapp drei Monate gedauert und es war ein tolles Gefühl als sie fertig war. Denn es konnte endlich mit dem Restaurieren losgehen.

Schritt 3: Oldtimer restaurieren

Rückblickend betrachtend, einen Oldtimer zu restaurieren ist gar nicht so schwer. Wäre da nicht die Unsicherheit bzw. Unwissenheit. Nicht zu wissen wie es geht oder nicht zu wissen was zu tun ist. Am Anfang hatte ich selbst keine Ahnung und doch fing ich einfach an.

Das ist auch der wichtigste Tipp, den ich dir mit auf den Weg geben kann.

„Fang einfach an, lerne durch probieren,

habe Vertrauen, dass du Lösungen findest."

Man kann im Vorfeld nicht alle Bereiche überschauen. Vieles ergibt sich beim Schrauben/Restaurieren.

„Habe keine Angst vor Fehlern. Fehler sind die besten Lehrer."

Wenn mal etwas kaputtgeht, dann wird es repariert oder ausgetauscht. Sich aufregen oder meckern ändert nichts an der Situation.

„Habe Geduld mit dir selbst, keiner außer dir, erwartet etwas von dir."

Und wenn du mal keine Ahnung hast, dann findest du heutzutage fast alles im Internet. YouTube ist mittlerweile eine sehr große Hilfe. Ich kann mich noch erinnern, wie ich stundenlang Videos geschaut habe, um mir das Thema Karosseriebau und Schweißen für die VW T3 Restauration beizubringen.

Werkzeug

Es kommt nicht darauf an, eine Profiwerkzeug zu haben, ein paar Schraubenschlüssel, einen Steckschlüsselsatz und ein Set Schraubendreher reicht da völlig aus. Wenn du denkst, du bräuchtest eine komplett eingerichtete Profi Werkstatt, dann wirst du sicherlich nie mit deiner Restauration anfangen. Denn als Hobby Schrauber brauchst du kaum alles, was in einer Profi-Werkstatt zu finden ist.

Noch heute sind meine Schraubenschlüssel von Norma (ja genau, die vom Supermarkt) und sie funktionieren super. Beim Schraubendrehern kann ich dir einen Satz Schraubendreher[2] der Marke WERA empfehlen. Preis/Leistung passt einfach, hier bekommst du Qualität zum wirklich fairen Preis.

Bei den Schraubenschlüsseln[3] kann ich dir diesen Satz empfehlen, auch wenn sie nicht von Norma sind ☺. Mit diesem Satz Steckschlüssel[4] kommst du für den Anfang sehr weit. Für den Anfang bist du mit diesem Werkzeug gut gerüstet. Ein Wagenheber[5] sollte auch vorhanden sein. Der Rest an Werkzeug ergibt sich beim Schrauben.

Dazu habe ich mir einen kleinen Werkzeugschrank gebaut und die Grundlage an Werkzeug war vorhanden. Hier siehst du mein Werkzeug, mit dem ich meine Oldtimer restauriere.

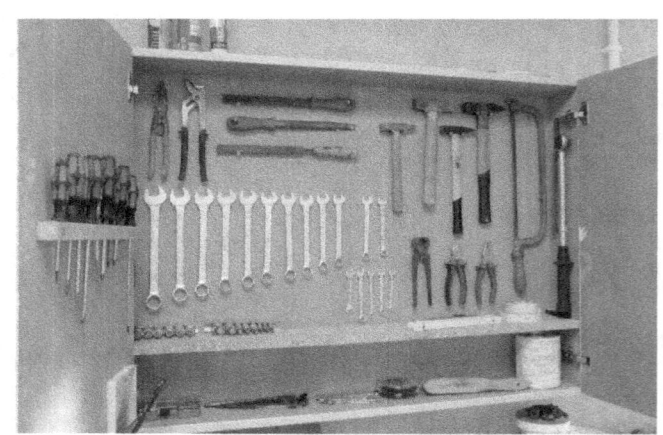

Kaum zu glauben, aber wahr, mehr ist es nicht ☺.

---

[2] Über Amazon erhältlich

Schraubendreher: https://amzn.to/3qQ8v6Y

[3]
Schraubenschlüssel: https://amzn.to/3NeMoPd
[4] Über Amazon erhältlich

Steckschlüsselsatz: https://amzn.to/3NhnpuF

[5]
Wagenheber: https://amzn.to/44808Sq

Braucht man wirklich eine Hebebühne?

„Eine Hebebühne bei der Restauration, das wäre schon toll." Nur was tun, wenn man keine Hebebühne hat? Diese Frage beschäftigte mich ebenfalls vor meiner ersten Restauration. Denn, wie kann ich …

- … aufwendige Arbeiten an der Karosserie so leicht wie möglich durchführen?
- … den Unterboden erneuern, ohne dabei stundenlang unterm Fahrzeug zu liegen und mir den Dreck ins Gesicht fallen lassen?

Eine Hebebühne zu besorgen war preislich nicht drin, also musste eine andere Lösung her. Ein paar Tage vergingen und die Idee vom eigenen Auto Drehgestell war geboren. Also recherchierte ich im Internet nach einem Auto Drehgestell. Die hohen Anschaffungskosten schreckten mich ab. 2000 € und mehr ließ meine Vorfreude für ein Auto Drehgestell schwinden.

Weitere Tage vergingen und mir kam ein weiterer Gedanke: *„Wenn ich schon so viel am Oldtimer selber machen möchte, dann kann ich mir auch ein Auto Drehgestell bauen."*

Da ich zu diesem Zeitpunkt noch keine Ahnung vom Schweißen hatte, fragte ich in einer Berufsschule für Metallbau, ob sie mir das Auto Drehgestell bauen. Technische Zeichnungen fertigte ich vorher an und zwei Wochen später könnte ich das Auto Drehgestell abholen. Daheim spendierte ich dem Drehgestell noch etwas Farbe und endlich konnte es losgehen, mit der Restauration.

Mein Geheimtipp: Wenn du selbst nicht schweißen kannst, frage in einer Berufsschule für Metallbau, ob sie dir dieses Auto Drehgestell bauen.

Es entstand ein Drehgestell, das meine Vorstellungen übertraf. Nicht nur, dass man die Karosserie um 360° drehen kann. Man kann auch verschiedene Karosserien darauf befestigen (falls man noch weitere Fahrzeuge restaurieren möchte). Es lässt sich bewegen, wie ein Einkaufswagen und in sieben Teilen platzsparend auseinanderschrauben, wenn es mal nicht gebraucht wird.

Mit diesem Auto Drehgestell war es mir möglich innerhalb von fünf Jahren, drei komplette Fahrzeuge zu restaurieren und das ohne Hebebühne. Rückblickend betrachtet kann ich das selbst kaum glauben.

Mit einer Hebebühne kann ich bis heute nichts mit anfangen. Denn beim Restaurieren meines ersten Oldtimers hat sich ein Arbeitsablaufplan entwickelt, mit dem ich schneller fertig war, als ich mir je hätte vorstellen können. Diesen Plan findest du im nächsten Kapitel.

Als ich dann stehend vorm Oldtimer die Unterbodenschutzmasse entfernte, kam mir ein weiterer Gedanke: *„Wenn ich dieses Problem habe, dann haben andere dieses Problem sicherlich auch."*

Es entstand die Idee der Auto Drehgestell Bauanleitung.

 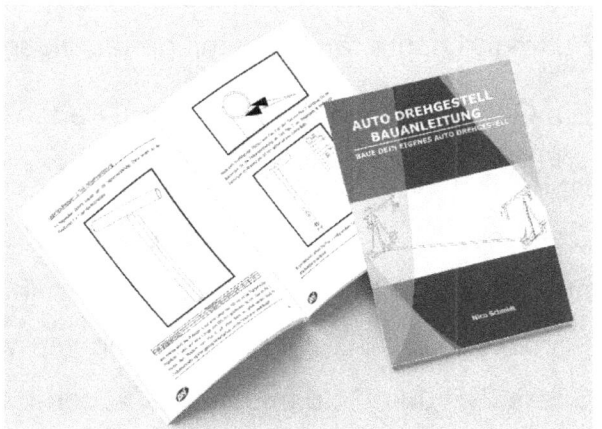

Also holte ich meine Skizzen und Zeichnungen hervor und fing an die Auto-Drehgestell-Bauanleitung zu schreiben. Damit auch du dir die hohen Anschaffungskosten sparen kannst. Momentan liegen die Materialkosten (2023) bei ca. 360 € und innerhalb von acht Stunden ist das Auto Drehgestell gebaut. Du hast dann ein Profi-Auto-Drehgestell zu einem richtig tollen Preis.

Bei meiner ersten Restauration bemerkte ich ein paar Schwachstellen. So fehlte eine Höhenverstellung des Drehlagers, um den Schwerpunkt der Karosserie einzustellen, damit das Drehen der Karosserie auch leicht von der Hand geht. Dabei orientierte ich mich weiterhin an den Profi Auto Drehgestellen und entwickelte eine Höhenverstellung für fast jede Karosserie. Hier auf dem Bild siehst du das fertige Ergebnis.

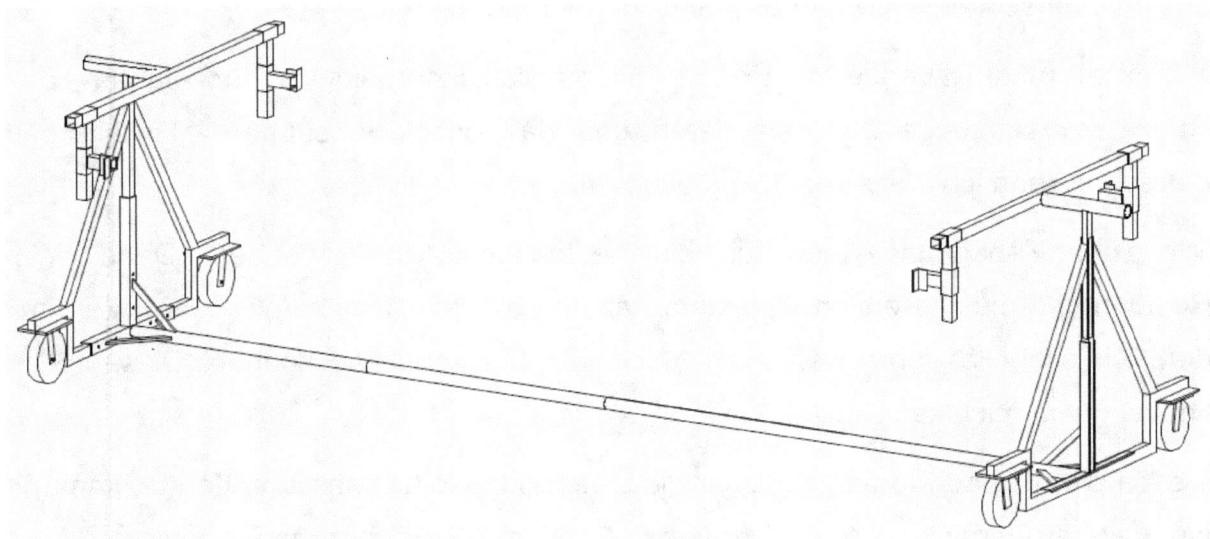

Mit einem eigenen Auto-Drehgestell wirst du erleben, wie schnell und einfach das Restaurieren eines Oldtimers sein kann. Kannst du dir vorstellen, was das für ein tolles Gefühl ist, wenn man jede einzelne Schraube, jedes einzelne Teil in der Hand hatte und heute fährst du mit genau diesem Wagen durch die Gegend?

Ein Gefühl, dass du mit der Auto-Drehgestell-Bauanleitung selbst erleben kannst.

Hole dir heute deine Auto-Drehgestell-Bauanleitung[6] und baue dein eigenes Auto Drehgestell. Überzeuge dich selbst, wie schnell und einfach deine Auto-Restauration mit einem Auto-Drehgestell sein kann. Wie leicht aufwendige Arbeiten an der Karosserie durchzuführen sind und wie viel Spaß du beim Restaurieren haben hast. Spare Zeit und Geld mit der Auto Drehgestell Bauanleitung.

---

[6] Link zur Produktbeschreibung im Online Shop

https://driveyourclassiccar.com/product/auto-drehgestell-bauanleitung/

Arbeitsablaufplan – Wie restauriert man ohne Hebebühne

Ohne Angeben zu wollen, mit einem Auto-Drehgestell konnte ich drei Oldtimer in fünf Jahren komplett restaurieren. Damit möchte ich dir lediglich zeigen, was mit einem Auto-Drehgestell möglich ist. Wer seinen Oldtimer ohne Hebebühne restaurieren möchte, benötigt einen Arbeitsablaufplan. Zugeben, bei meiner ersten Restauration hatte ich keinen Plan, denn dieser Plan hat sich mit der ersten Restauration entwickelt.

Nichtsahnend fing ich einfach an. Die rote Audi Typ 81 Limousine wurde als erstes restauriert, da diese beim Kauf bereits zerlegt war und ich keinen Platz hatte, noch ein weiteres Auto in Teilen zu lagern. Also musste das Audi Coupe erstmal warten. Wenn du schon mal ein Fahrzeug komplett zerlegt hast, dann weißt du, wie viele Teile ein

Auto haben kann und wie viel Platz man dafür benötigt. Die rote Typ 81 Limousine wurde erstmal am Auto Drehgestell befestigt und ließ sich jetzt um 360° drehen. Plötzlich stand ich vor dem Unterboden meines Oldtimers und war erstaunt, wie einfach restaurieren sein kann. Als nächstes entfernte ich die Brems- und Kraftstoffleitungen.

Ebenso konnte ich mir einen Überblick vom Unterboden verschaffen. War es wirklich so schlimm wie vermutet oder war der Arbeitsaufwand überschaubar? Als erstes entfernte ich die Unterbodenschutzmasse, um versteckte Rostnester zu finden. Wie ich dabei vorgegangen bin und für welches Verfahren ich mich dabei entschieden habe, findest du hier in meinem Blogbeitrag[7].

Natürlich kannst du die Unterbodenschutzmasse auch anders entfernen. Welche Methoden es gibt, findest du ebenfalls im Blogbeitrag: Unterbodenschutz erneuern.

---

[7] Zum Blogbeitrag: Unterbodenschutz erneuern

https://driveyourclassiccar.com/unterbodenschutz-erneuern/

Bestandsaufnahme: Da die Karosserie von allen Anbauteilen entfernt war, erhält man jetzt einen Überblick über den Zustand der Karosserie und den dazugehörigen Arbeiten. Dank dem Auto Drehgestell kann man sich jede Stelle genau anschauen.

Jetzt kann man die Karosserie nach Rostnestern überprüfen. Dazu kann…

- …man die Karosserie komplett entlacken lassen und KTL beschichten (sehr kostenintensiv, aber mit dem besten Ergebnis).
- …oder man lässt die alten Lackschichten drauf und man bearbeitet nur die Rostnester.
- …oder man kann den Unterboden/Karosserie auch strahlen lassen (viel Nacharbeit, um das Strahlgranulat aus den Hohlräumen der Karosse zu bekommen).

Bei dem roten Typ 81 Limousine habe ich mich entschieden, den Unterbodenschutz mit einem Heißluftföhn und Spachtel zu entfernen. Das war sehr zeitaufwendig und hat gut zwei Wochen gedauert. Beim Audi Coupe habe ich nur Ecken und Kanten strahlen lassen, da ich so viel wie möglich vom originalen Unterbodenschutz erhalten wollte.

Letztendlich muss jeder für sich entscheiden, für welches Verfahren man sich entscheidet. Denn jede Methode hat Vor- und Nachteile, die es gilt, individuell abzuwägen.

Solltest du dich entscheiden, die alte Unterbodenschutzmassen auf der Karosserie zu lassen, dann ist darauf zu achten, an den Stellen, die getauscht/repariert und geschweißt werden sollen, die Unterbodenschutzmasse zu entfernen, sonst entsteht Brandgefahr, da die Unterbodenschutzmasse beim Schweißen brennen kann.

Da die Karosserie ein sicherheitsrelevantes Bauteil ist, muss jeder für sich selbst entscheiden, ob er die Blecharbeiten an der Karosserie selber durchführt oder von einem Fachmann, dem Karosseriebauer. Pfusch oder laienhafte Reparaturen haben hier nichts zu suchen, vor allem, weil du mit deinem Oldtimer lange Freude haben möchtest.

Da ich bei meiner ersten Restauration noch nicht schweißen konnte, entschied ich mich dennoch, die Schweller selbst zu wechseln. Probierte mich aus, lieh mir ein Punktschweißgerät und fing einfach an. Wie genau man die Schweller wechselt und wie das Ergebnis war, findest du hier in meinem Blogbeitrag[8].

Nachdem die Karosseriearbeiten durchgeführt waren, geht es im nächsten Schritt darum, die Karosserie lacktechnisch wiederaufzubauen. Da es mir wichtig ist, so viel wie möglich selbst am Fahrzeug zu machen, ließ ich mir beim Lackierer Lack anmischen, um den Unterboden und Motorraum vorab zu lackieren. Ohne Auto Drehgestell hätte ich kaum die vielen Ecken lackieren können.

Denn mein Plan sieht vor, dass vor der Hauptlackierung, die Technik bereits im Fahrzeug verbaut ist und auch funktioniert. Damit beugt man dem Risiko von möglichen Lackschäden beim Zusammenbau vor. Die Technik funktioniert dann bereits, der Lackierer kann in aller Ruhe dein Fahrzeug lackieren und wenn dein Fahrzeug vom Lackierer zurück ist, kannst du entspannt den Innenraum und Anbauteile komplettieren.

---

[8] Zum Blogbeitrag: Schweller wechseln am Oldtimer

https://driveyourclassiccar.com/schweller-beim-oldtimer-wechseln/

Nachdem der Motorraum und Unterboden neu lackiert sind und auch der Unterbodenschutz aufgetragen ist, kann es mit dem Zusammenbau losgehen. Beim Unterbodenschutz kannst du selbst entscheiden, ob du den Unterbodenschutz vor dem Lackieren oder nach dem Lackieren aufträgst.

Bei den beiden Audi's habe ich den Unterboden zuerst lackiert und dann die Unterbodenschutzmasse aufgetragen. Beim VW T3 tat ich dies genau andersherum und habe die Unterbodenschutzmasse nach dem Grundieren aufgetragen und danach erst lackiert.

Der Grund dafür war, dass man beim VW T3 mehr in die Radkasten schauen kann als bei den beiden Audi's. Mir ging es darum, das sogenannte „Trauerkleid" beim T3 nicht zu sehen. Denn den Unterbodenschutz nennt auch „Trauerkleid", weil er dunkel ist und die Konturen nicht mehr zu sehen sind.

Auch hier kannst du für dich entscheiden, wie du es am liebsten machen möchtest. Das ist das Schöne, du kannst deinen Oldtimer so aufbauen wie du es möchtest, natürlich im Rahmen der Originalität.

Während man noch am Unterboden und Motorraum zugange ist, kann man zwischenzeitlich die Anbauteile: Achsen und verschiedene Halter zum Aufbereiten bringen. Meine Anbauteile lasse ich dabei Strahlen und Beschichten. Manchmal lackieren oder auch Pulverbeschichten. Bei den Anbauteilen ist mir wichtig, dass diese durch das Strahlen auch wirklich entrostet sind.

Auch der Motor wird entsprechend überprüft, gereinigt und für den Einbau vorbereitet. Wie schaut das Honbild der Zylinder aus? Nach all den Jahren kann ein Motor verschlissen sein und Ersatz muss her. Man kann den alten Motor auch zum Motorenbauer bringen und dieser arbeitet den Motor wieder auf. Beim Motor ist

Sorgfalt und Sauberkeit das wichtigste. Der Motor ist das Herz deines Fahrzeuges, ohne dem läuft nichts. Entweder traust du dich selbst heran oder übergibst den Motor einem Fachmann. Bei der roten Limo machte ich den Fehler und löste die Schrauben vom Kopf in der falschen Reihenfolge, was dazu führte, dass der Kopf sich verzog. Das bekam ich aber erst 1200 km nach dem Zusammenbau mit, als mir die Kopfdichtung durchgebrannt ist. Tja, so lernt man auch aus Fehlern dazu.

Die Karosserie und deren Anbauteile sollten jetzt für den Neuaufbau vorbereitet sein und der Zusammenbau kann beginnen. Es ist schon ein tolles Gefühl, wenn jeglicher Rost und Schmutz von den Teilen entfernt ist.

Während die Karosserie noch auf dem Drehgestell ist, baue ich Brems- und Kraftstoffleitungen ein. Es folgen Fahrwerk und Lenkung und die Limo stand zum ersten Mal wieder auf eigenen Beinen.

Jetzt kann der Motor eingebaut werden, doch vorher empfehle ich dir, den Kabelbaum zu verlegen, bevor der Motor eingebaut werden kann. Motor und Getriebe empfiehlt sich ebenfalls vor dem

Motoreinbau zu verbinden, denn das Getriebe nachträglich einzubauen, kann manchmal ganz schön Nerven kosten. Das Einfädeln der Getriebeeingangswelle in das Pilotlager der Schwungscheibe stellt sich für mich als etwas zu fummelig heraus. Da braucht man schon etwas Übung und manchmal auch etwas mehr Geduld. Deshalb ist zu empfehlen, Motor und Getriebe als eine Einheit einzubauen, damit sparst du dir jede Menge Frust.

Wenn Motor und Getriebe eingebaut sind, können folglich Schläuche, Kabel und Leitungen mit dem Motor verbunden werden. Es ist so wie ein Puzzle – Stück für Stück wächst der Oldtimer zum fertigen Gesamtbild zusammen.

Nachdem die Technik eingebaut ist, kann ausgiebig auf Fehlersuche gegangen werden, denn leider schleicht sich bei einer Komplettrestauration so mancher Fehler ein. Bei mir war es die Einspritzanlage, die meinen Geduldsfaden sehr strapazierte.

Gut ein halbes Jahr habe ich versucht, den Motor zum Laufen zu bringen. Ich hoffe, so etwas bleibt dir erspart. Nachdem die Technik verbaut ist und funktioniert, ging die Limo zum Lackierer. Das war schon ein komisches Gefühl, nach so langer Zeit das Fahrzeug vorerst abzugeben.

Als er dann vom Lackierer zurückkam, war meine Freude riesig. Ein Gefühl, dass man kaum in Worte fassen kann. In solchen Momenten weiß man, dass sich jede Sekunde gelohnt hat und jedes aussichtslose Problem vergessen war. Auch wenn es sich hier so liest, als habe alles reibungslos ohne Probleme funktioniert, so gibt es immer kleine und große Herausforderungen bei solch einer Restauration. Nur davon sollte man sich nicht abhalten lassen.

Manchmal ist etwas Abstand besser als sich festzubeißen und kein Stück weiter zu kommen. So ließ ich die Limo auch 6 Monate stehen, ohne daran weiterzumachen. Die Einspritzanlage nervte mich und ich hatte eine Zeitlang keine Lust überhaupt weiterzumachen.

Das wirklich schöne an diesem Plan ist: Die Technik ist bereits verbaut, du kannst ganz entspannt den Innenraum, die Scheiben sowie Zierleisten, Lampen und Stoßstangen verbauen, ohne dir den Kopf zu machen, *„beim Motoreinbau den neuen Lack zu beschädigen"*. Natürlich kann beim weiteren Zusammenbau auch der neue Lack beschädigt werden, nur ist das Risiko um einiges geringer.

Viel ist jetzt nicht mehr zu tun. Dein Oldtimer ist fast fertig und bereit für die erste Ausfahrt. Doch Stopp, vorher brauchst du natürlich in Deutschland die technische Abnahme, damit du mit deinem Oldtimer auch auf der Straße fahren darfst. Also den Oldtimer auf den Trailer verladen, erst zur Achsvermessung und zum Scheinwerfer einstellen lassen und dann ab zur Dekra.

Mir fehlten die Worte, als der Sachverständige der Dekra sein O.K. gab – ein lang ersehnter Traum ist wahr geworden. Auf dem Trailer ging es wieder nach Hause und am nächsten Tag ging es zur Zulassungsstelle.

Heute weiß ich, jeden Tag kann ich solch einen tollen Wagen fahren, dieses Gefühl kann man nicht kaufen, dieses Gefühl kann man nur selbst erschaffen und genau das ist es, was ich dir auf den Weg geben möchte.

Fang einfach an deine Träume zu verwirklichen, denn wenn du es nicht tust, macht es niemand. Du musst auch nicht wissen, wie das alles funktionieren soll. Hab Vertrauen in dich selbst und ins Leben, damit sich die richtigen Türen öffnen, wenn du sie brauchst.

Ich weiß, das klingt zu schön, um wahr zu sein, nur habe ich es innerhalb der letzten fünf Jahre erlebt. Wie aus einem Oldtimer drei geworden sind, ohne zu wissen, woher Zeit und Geld kommen soll.

Also komm ins Tun, damit du solche Momente erleben kannst, auch wenn du morgens nur damit zur Arbeit fährst. Ein Oldtimer verbindet dich mit der Straße,

Was kann es schöneres geben?

Wie lange dauert eine Restauration?

Das kommt natürlich darauf an, wie eingespannt du im täglichen Leben bist. Bist du berufstätig, hast du Familie, kannst du dir am Wochenende Zeit für deinen Oldtimer nehmen? Je mehr Zeit du dir nehmen kannst, desto schneller wird dein Traum Oldtimer wahr werden.

Ich kann mich noch gut erinnern, wie ich beim T3 innerhalb von fünf Wochen gut 203 Stunden allein für den Karosseriebau benötigt habe und das neben einem Vollzeitjob von monatlich 170 Std.

Jetzt kannst du dir allein ausrechnen, wie sich diese fünf Wochen gestaltet haben. Jede freie Minute saß ich am Bus und setzte die Karosserie wieder instand. Jeden Tag nach Feierabend ging es in die Werkstatt und viel zu oft kam ich da erst gegen 23 Uhr wieder raus. Am Wochenende ging es weiter, auch sonntags, denn ich wollte den Karosseriebau an einem Stück durchziehen, ohne dabei einen Punkt der Demotivation aufkommen zu lassen.

Entscheidend ist deine *Beharrlichkeit* oder anders ausgedrückt, dein Durchhaltevermögen. Denn wenn du viel Rost am Oldtimer hast und viel Blech zu erneuern ist, kann einem schnell die Lust vergehen. Große Zeitabstände lassen deinen Oldtimer evtl. als Projektaufgabe enden, weil du dich nicht mehr motivieren kannst, weiterzumachen. Deshalb: unangenehme Aufgaben an einem Stück durchführen.

Blecharbeiten an der Karosserie haben es in sich, dies habe ich beim T3 vollkommen unterschätzt. Vier Tage hatte ich für den Karosseriebau beim T3 veranschlagt und fünf Wochen gebraucht. Deshalb ist es im Vorfeld wichtig, für dich zu klären, wie viel du an deinem Oldtimer selber machen möchtest. Traust du dir das zu oder gibst du bestimmte Aufgaben an eine Fachwerkstatt ab. Denn nichts ist schlimmer als seinen Oldtimer irgendwann als Projektaufgabe unterm Wert zu verkaufen.

Sei dir einfach bewusst, dass wenn du heute anfängst, du nächste Woche noch nicht fertig sein wirst. Eine Restauration entwickelt sich, auch du entwickelst dich. Fehlendes Wissen sollte man sich aneignen und fachliche Fertigkeiten brauchen Zeit, um sich zu entwickeln.

Ich möchte dir hier nicht die Hoffnung nehmen, sondern lediglich aufzeigen, dass eine Oldtimer-Restauration, Arbeit ist. Natürlich geht es hier auch um Spaß, nur würdest du dir die Freude nehmen, wenn du deine Fertigkeiten überschätzt und danach frustriert alles hinschmeißt, weil es nicht so klappt, wie du es dir vorgestellt hast.

Sie nachgiebig mit dir selbst, nimm dir die Zeit um neue Themen kennenzulernen. Beschäftige dich mit der Motorentechnik oder dem Achsaufbau, wie wird etwas repariert? Nur dadurch wird deine Restauration auch Spaß machen. Blende den zeitlichen Faktor aus. Es nimmt den Druck, den du dir selber machst. Es steht nirgends geschrieben, wie lange eine Restauration dauern sollte. Egal, wie lange es dauert. Nimm dir die Zeit, die du brauchst.

Zum Schluss möchte ich noch sagen, traue dich, einfach anzufangen ohne zu wissen, wie das alles funktionieren soll. Du musst nicht jeden Schritt kennen. Habe Vertrauen, dass du Lösungen findest, statt den Kopf in den Sand zu stecken. Jeder hat mal klein angefangen, habe Geduld mit dir selbst. Es kann ein mühsamer aber schöner Weg sein, der sich lohnt.

Zu erleben, wie etwas mit den eigenen Händen erschaffen wird, kann man nicht in Worte fassen, so etwas muss man erleben. Und wenn du mal nicht weiterkommst, dann melde dich bei mir und wir schauen gemeinsam nach einer Lösung.

Viel Erfolg bei deiner Restauration, wünscht dir *nico*

Weiterführende Angebote

Die Auto Drehgestell Bauanleitung – ideal, wenn man keine Hebebühne hat.

- Baue dein eigenes Auto Drehgestell und spare Zeit und Geld bei deiner Oldtimer Restauration
- Leichtes Restaurieren **garantiert**
- Drehe deine Karosserie um 360° und überzeuge dich selbst, wie aufwendige Arbeiten an der Karosserie werden zum Kinderspiel werden
- Das Auto Drehgestell lässt sich schieben wie ein Einkaufswagen
- Und wenn es mal nicht gebraucht wird, lässt es sich in 7 Teile platzsparende auseinanderschrauben.

Hole dir heute die Auto Drehgestell Bauanleitung und baue dein eigenes Auto Drehgestell.

Hier geht es zum Online-Shop: https://driveyourclassiccar.com/product/auto-drehgestell-bauanleitung/

Viel Spaß mit deinem Auto Drehgestell

Lackier- und Transportwagen Bauanleitung

Transportiere deine Autokarosse ohne Achsen von einem Ort zum anderen mit der Lackier- und Transportwagen Bauanleitung.

- Ideal für Karosserie, Strahl- und Lackierarbeiten
- kein mühsames abkleben der Achsen bei Lackierarbeiten
- leichter Zugang zu schwer erreichbaren Stellen

Hier geht es zum Online-Shop: https://driveyourclassiccar.com/product/karosserie-lackierwagen-transportwagen-bauanleitung/